草业科学精品文库

孔令琪　叶文兴　著

饲用燕麦种质资源研究及其在内蒙古中西部地区的利用

U0349204

中国农业科学技术出版社

图书在版编目（CIP）数据

饲用燕麦种质资源研究及其在内蒙古中西部地区的利用／孔令琪，
叶文兴著. --北京：中国农业科学技术出版社，2022.5
　ISBN 978-7-5116-5648-3

　Ⅰ.①饲…　Ⅱ.①孔…②叶…　Ⅲ.①燕麦–种质资源–研究
Ⅳ.①S512.624

　中国版本图书馆 CIP 数据核字（2021）第 273751 号

责任编辑　　陶　莲
责任校对　　李向荣
责任印制　　姜义伟　王思文

出 版 者	中国农业科学技术出版社
	北京市中关村南大街 12 号　邮编：100081
电　　话	（010）82109705（编辑室）　　（010）82109702（发行部）
	（010）82109709（读者服务部）
网　　址	http://www.castp.cn
经 销 者	各地新华书店
印 刷 者	北京建宏印刷有限公司
开　　本	170 mm×240 mm　1/16
印　　张	4.75
字　　数	90 千字
版　　次	2022 年 5 月第 1 版　2022 年 5 月第 1 次印刷
定　　价	80.00 元

科研团队及资助项目

1. 中国农业科学院科技创新工程"重要草种质资源深度挖掘与创新利用研究重大任务团队"
2. 内蒙古自治区科技计划项目"高产优质燕麦品种培育及良繁技术研究与示范"（2021GG0059）
3. 中央级公益性科研院所基本科研业务费专项（1610332020009）

《饲用燕麦种质资源研究及其在内蒙古中西部地区的利用》

著者名单

主　　著：孔令琪　叶文兴

参著人员：丁　霞　王　海　贺有权　杜瑞峰

　　　　　郝　龙

前　　言

　　本书从以下几方面对饲用燕麦种质资源研究及利用进行了阐述，分别是饲用燕麦种质资源，包括饲用燕麦种质资源的重要性、饲用燕麦种质资源的类别、饲用燕麦种质资源的搜集、饲用燕麦种质资源的保存和饲用燕麦种质资源的评价；内蒙古中西部地区饲用燕麦形态特征与生长发育，包括饲用燕麦种子组成与结构、饲用燕麦形态特征和饲用燕麦生长发育；内蒙古中西部地区饲用燕麦育种技术与方法，包括饲用燕麦育种目标和方法、饲用燕麦适播品种；饲用燕麦新品种审定，包括国家级和内蒙古自治区级草品种审定；内蒙古中西部地区饲用燕麦栽培技术与管理，包括燕麦土壤耕作技术、燕麦播种技术和燕麦田间管理技术；内蒙古中西部地区饲用燕麦种子收获与贮藏。

　　本书所涉及的研究工作和撰写内容参阅了大量文献资料，选用了一些图片和结论，在此向相关作者致以诚挚的感谢，对指导和帮助著者完成该研究的老师、同学表示衷心的谢意。

　　鉴于本书的撰写时间较仓促，著者研究和撰写水平有限，书中难免存在疏漏不足和欠妥之处，望各位读者予以批评指正，提出宝贵意见。

著　者

2022 年 2 月

目　　录

第一章　饲用燕麦种质资源

第一节　饲用燕麦种质资源的重要性

一、种质资源的概念

种质是指亲代传递给子代的遗传物质。种质资源，又称育种的原始材料、品种资源、遗传资源、基因资源，一般是指具有一定种质和基因，可用于育种、栽培及其他相关研究的各种生物类型的总称。由于遗传物质是基因，且遗传育种主要是研究和利用生物体中的基因，将不同来源的基因重新组合形成新的基因型，培育新品种，因此种质资源又称为基因资源。我国 20 世纪 60 年代以前把用以培育新品种的原材料或者基础材料称为育种的原始材料，20 世纪 60 年代初期改称为品种资源。由于现代育种主要利用的是育种材料内部的遗传物质或种质，国际上大都采用种质资源这一术语。《中华人民共和国种子法》第九十条第（一）款规定，"种质资源是指选育植物新品种的基础材料，包括各种植物的栽培种、野生种的繁殖材料以及利用上述繁殖材料人工创造的各种植物的遗传材料。"随着分子生物学和遗传育种研究的不断发展，许多动物、微生物的有利基因也被用于植物的遗传改良，种质资源涵盖了所有能用于作物遗传育种的生物体，包括育成品种、农家品种、育种中间材料、突变体、野生种、近缘植物、人工创造材料以及各种生物类型的个体、器官、组织、单个细胞、单个染色体、单个基因等。

种质资源工作的内容包括收集、保存、研究、创新和利用。我国种质资源工作的指导方针是：广泛收集、妥善保存、深入评价、积极创新、共享利用，为选育农作物新品种、发展现代种业保障粮食安全提供物质和技术支撑。种质资源是选育新品种和发展农业生物的物质基础，也是生物学研究的重要材料。

没有好的种质资源，就不可能育成好的品种。

种质资源的多样性包括生态系统多样性、种间多样性和种内遗传多样性三个不同的水平，其中生态系统多样性是种间和种内多样性的前提。现在三个水平上都面临严重危机。

二、种质资源的重要性

种质资源是经过长期自然演化和人工创造而形成的一种重要的自然资源，它在漫长的生物进化过程中不断得以充实和发展，积累了由自然选择和人工选择所引起的各种各样、形形色色、极其丰富的遗传变异，蕴藏着控制各种性状的基因，形成了各种优良的遗传性状及生物类型。长期的育种实践充分体现了种质资源在作物育种中的物质基础性作用与决定性作用。农业生产上每一次飞跃都离不开新品种的作用，而突破性品种的培育与特异种质资源的利用密切相关。归纳起来，种质资源在作物育种中的作用主要表现在以下几点。

1. 种质资源是现代育种的物质基础

栽培作物品种是在漫长的生物进化与人类文明发展过程中形成的。在这个过程中，野生植物先被驯化成多样化的原始栽培作物，经种植选育变成为各种各样的地方品种，再通过对自然变异、人工变异不断地自然选择与人工选择而育成符合人类需求的各类新品种。正是由于已有种质资源具有不同育种目标所需要的多样化基因，才使得人类的不同育种目标得以实现。现代育种工作之所以能取得显著的成就，除了育种途径的发展和新技术在育种中的应用外，种质资源的广泛收集、深入研究和充分利用也起到了关键性作用。作物育种工作者拥有种质资源的数量与质量，及对其研究的深度和广度是决定育种成效的主要因素，也是衡量其育种水平的重要标志。作物育种实践证明，在现有种质资源中，没有一种种质资源能具备与社会发展完全相适应的所有优良基因，但可以通过遗传改良，将分别具有某些或个别育种目标所需要的特殊基因有效重组，育成新品种。例如，育种家可以从种质资源中筛选具有抗病基因的种质资源和具有优异矮秆基因的矮秆资源杂交，育成抗病、矮秆作物品种。对产量潜力、适应性、品质和熟期等性状的改良也都依赖于种质资源中的目标基因。只要将分散于不同种质资源中的这些目标基因进行有效重组，就能实现高产、稳产、优质和早熟等育种目标。

2. 稀有特异种质对育种成效具有决定性的作用

栽培作物育种成效的大小，很大程度上取决于所掌握种质资源的数量多少和对其性状表现及遗传规律的研究深度。从近代作物育种的显著成就来看，突破性品种的育成及育种上大的突破性成就几乎都取决于关键性优异种质资源的发现和利用。

3. 新的育种目标能否实现取决于所拥有的种质资源

栽培作物育种目标不是一成不变的，人类文明进程的加快和社会物质生活水平的提高对作物不断提出新的目标。新的育种目标能否实现取决于育种者所拥有的种质资源。如人类所需求的新作物、适于可持续农业的作物新品种等育种目标能否实现就取决于育种者所拥有的种质资源。种质资源还是不断发展新作物的主要来源，现有的作物都是在不同历史时期由野生植物驯化而来的。从野生植物到栽培作物，就是人类改造和利用种质资源的过程。随着生产和科学的发展，现在和将来都会持续不断地从野生植物资源中驯化更多的栽培作物，以满足生产和生活日益增长的需要。如在油料、麻类、饲料和药用等植物方面，可常常从野生植物中直接选出一些优良类型，进而培育成具有经济价值的新作物和新品种。

4. 种质资源是生物学理论研究的重要材料

种质资源也是进行生物学理论研究的重要材料。不同的种质资源具有不同的生理特性、遗传特性和生态特点，对其进行深入研究，有助于阐明作物的起源、演变、分类、形态、生态、生理和遗传等方面的问题，并为作物育种工作提供理论依据，从而克服作物育种实践的盲目性，增强预见性，提高育种成效。由此可见，种质资源不但是选育新作物、新品种的基础，也是生物学研究必不可少的重要材料。

三、饲用燕麦种质资源

燕麦种质资源发展主要经历三个阶段，即自发阶段、育种原始材料阶段和集中保存及研究阶段。燕麦驯化为人工栽培品种以后，分散在农户手中，经过一代又一代的种植、繁衍而保存下来；随着育种学的发展，育种家们根据育种需要收集可作为育种原始材料的品种资源，并加以保存；随后一些地方品种被逐渐淘汰，进而面临消失，在这种形势下，许多国家纷纷成立专门机构来收集这些原始材料，从而使种质资源的遗传多样性得以保存。经过多年燕麦工作者的努力，燕麦种质资源收集工作取得了显著成效。据统计，保存在世界各地资源库的燕麦种质资源超过 8 万份，其中加拿大植物基因资源库是世界最大的燕麦种质资源基因库。此外，俄罗斯、美国、捷克、波兰、德国和中国等均保存了大量的燕麦种质资源。

四、燕麦种质资源起源中心学说

燕麦的起源一般认为燕麦具有 4 个起源中心：我国西部、地中海北岸、前亚伊朗高原一带及东非的埃塞俄比亚高原。Zhou 等（1999）用 RAPD 分子标记研究了栽培燕麦的起源，证明所有野红燕麦的祖先起源于亚洲西南部，即现在的伊朗、伊拉克和土耳其，在后来的驯化过程中，野生燕麦与普通燕麦之间发生 7C-17 染色体易位。Jellen 和 Beard（2000）对 140 个来源不同的燕麦种质进行了分析，发现来自地中海盆地和印度次大陆的地中海燕麦中，有 89%没有发生 7C-17 易位，而 97%的皮燕麦和裸燕麦都有 7C-17 易位片段，据此认为普通皮燕麦和地中海燕麦是独立进化而来的，而且有无 7C-17 易位片段与燕麦的春性和冬性关系密切。我国西部地区是裸燕麦的发源地、驯化地和传统产地，该地区地形复杂，海拔 1 500～3 000m，绝大部分地区年均温-5～11℃，全年降水量 500mm 以下，长期单一恶劣的环境也造就了我国燕麦耐旱不抗倒、耐瘠不高产的特性。其他 3 个起源地起源的燕麦类型均为皮燕麦。

第二节　饲用燕麦种质资源的类别

植物种质资源可以按植物种类的自然属性、来源和育种利用等不同特点进行归类。

一、按亲缘关系分类

按照彼此间的可交配性与转移基因的难易程度，Harlan 和 Dewet（1971）将种质资源分为初级基因库、次级基因库和三级基因库。

初级基因库（Gene pool 1）：库内各种资源间能相互杂交，正常结实。库内各资源无生殖隔离，杂种可育，染色体配对良好，基因转移容易。

次级基因库（Gene pool 2）：库内各类资源间的基因转移是可能的，但存在一定的生殖隔离。库内各资源杂交不实或杂种不育，必须借助特殊的育种手段才能实现基因转移。

三级基因库（Gene pool 3）：库内各类资源间的亲缘关系更远，库内各资源彼此间杂交不实、杂种不育现象更明显，基因转移困难。

二、按育种实用价值分类

1. 野生种质资源

野生种质资源指各植物的近缘野生种和有价值的野生植物。它们是在特定的自然条件下，经过长期的自然选择而形成的，往往具有一般栽培种所缺少的某些重要性状，如抗逆性等，是培育新品种的宝贵材料。野生栽培植物通过栽培驯化，可发展成新的栽培作物，具有极大的开发价值。我国地域辽阔，生态类型多样，具有丰富的野生植物资源。

2. 外地种质资源

外地种质资源是从其他国家或地区引进的品种或类型。这些种质反映了各自原产地的自然和栽培特点，具有不同的生物学、经济学和遗传性状，其中某些性状是本地种质资源所不具有的，特别是来自起源中心的材料，集中反映了遗传多样性，是改良本地品种的重要材料。

外地种质资源引入本地后，由于生态条件的改变，种质的遗传性也可能发生变异，因而是选择育种的基础材料。应用外地种质作为杂交亲本，丰富本地品种的遗传基础，是常用的育种方法。

3. 本地种质资源

本地种质资源是育种工作基本的原始材料，包括地方品种、过时品种和当前推广的主栽品种。

地方品种是那些没有经过现代育种手段改进的，在局部地区内栽培的品种。这类种质资源往往因为优良新品种的大面积推广而逐渐被淘汰。虽然这些种质在某些方面有明显缺点，但往往具有某些罕见的特性，如适应特定的地方生态环境，特别是抗某些病虫害。我国幅员辽阔，地势复杂，气候多样，农业历史悠久，具有丰富的地方品种资源。地方品种的收集和保存是种质资源征集的重要内容之一。

过时品种是生产上曾经的主栽品种，由于农业生产条件的改善、种植制度的变化、病虫害的流行，以及人们对产量、品质要求的日益提高，而逐渐被其他品种所代替。这些品种的综合性状不如当前主栽品种，但它们仍是选择改良的好材料。

本地主栽品种是那些经过现代育种手段，在当地大面积栽培的优良品种，包括本地育成的，也可能是从外地（国）引种成功的。它们具有良好的经济性状和适应性，是育种的基本材料。大量研究实践表明，以本地主栽品种作为中心亲本是杂交育种的成功经验之一。

4. 人工创造的种质资源

自然界已有的种质资源，虽然丰富多彩，但其性状特点是以种群生存为第一需要，在环境条件选择下形成的，其中符合现代育种目标的理想种质资源是有限的。现代植物育种，除应充分发掘、搜集、利用各种自然种质资源外，还应通过各种途径（如杂交、理化诱变、基因工程等）产生各种突变体或中间材料，以不断丰富种质资源。这些种质虽不一定能直接应用于生产，但却是培育新品种或进行有关理论研究的珍贵资源材料。

第三节　饲用燕麦种质资源的搜集

为了更好地保存和利用自然界生物的多样性，丰富和充实育种工作的物质基础，必须把广泛发掘和搜集种质资源作为种质资源工作的首要任务。现代育种工作迫切需要更多更好的种质资源来实现人民生活和经济发展对良种提出的越来越高的要求，新的育种目标必须以更丰富的种质资源为基础，社会和经济发展需要不断开发利用新的植物类型。许多宝贵资源大量流失，亟待发掘保护，拓宽现代品种的遗传基础，需要丰富的种质资源。

我国燕麦种质资源收集工作始于新中国成立以后，起步较晚。20 世纪 50 年代末，中国农业科学院作物科学研究所通过引种从蒙古国等 21 个国家引入燕麦种质资源 489 份，同时农业部组织相关部门在全国范围内进行了燕麦种质资源收集和记录工作，到 1966 年共收集、整理、登记造册了国内外燕麦种质资源 1 497 份。1973 年开始，中国农业科学院开展了第二次燕麦种质资源引进和收集工作，涵盖了燕麦属 9 个物种，2 978 份燕麦资源。从 90 年代至今，我国从 28 个国家和地区共引进燕麦种质资源 1 017 份，目前我国收集和保存的燕麦种质资源超过 6 200 份，涵盖燕麦 29 个物种。

搜集种质资源概括起来主要有野外考察搜集、种质资源机构或育种单位间引进交换和群众性征集等方法，无论哪种方法都要有一个明确的计划，包括目的、要求、步骤等。为此，必须事先开展初步调查研究及了解相关的资料等工作。

一、燕麦种质资源野外实地考察

野外实地考察可以了解当地燕麦种质资源的种类、特征、分布、生境、数量等性状。野外考察收集的目标主要是采集燕麦种质资源种子、植物标本和数字图像。考察收集的工作程序可分为四个阶段：一是准备工作阶段，二是野外作业阶段，三是室内整理和总结阶段，四是已采集种子的编目和入库保存工作。

野外实地考察首先考虑搜集燕麦的多样性中心。种内多样性中心常集中在燕麦的发源地及栽培历史悠久的生产区；而种间的多样性中心取决于种的自然分布，有时远离作物发源地。种质资源的搜集应尽量搜集客观存在的遗传多样性，因此在选择考察路线时应争取途经各种不同的生态地区及种植方式和管理技术差别较大的地区。栽培类型的搜集以品种为主，注重品种的典型性，而野生类型的搜集以变种、变型为对象，注意类型基本特征的基础上注重遗传多样性。采集样本时，必须详细记录名称、产地生态条件、样本来源、主要形态特征、生物学特性和经济性状、采集时间、地点等。野外考察收集结束后，应立即开展种子、图像等信息的整理、鉴定、编目等工作。

二、燕麦种质资源征集

征集是种质资源收集的一种方式。一般是通过行政或业务关系发文进行收集。燕麦种质资源征集是向单位、企业、公司、育种家等征集，既可全国征集，也可地区征集或个别单位征集。对征集到的燕麦种子在初步鉴定的基础上，进行种子清选并入库。

三、燕麦种质资源引进

国外引种是将其有栽培利用价值的燕麦种质资源通过不同途径（国际合作、科学家互访、赴国外考察和驻外机构收集）引入我国，是燕麦种质资源收集的方式之一，也是获得优良亲本材料的重要手段。单位和个人从境外引进种质资源，应当依照有关植物检疫法律、行政法规的规定，办理植物检疫手续。引进的种质资源应当隔离试种，经植物检疫机构检疫，证明确实不带危险性虫、杂草及病的方可分散种植。

第四节　饲用燕麦种质资源的保存

种质保存（germplasm conservation）指利用天然或人工创造的适宜环境保存种质资源。主要作用在于维持样本数量，保持各样本的生活力和原有的遗传变异性，便于研究和利用。保存的主要方式主要有贮藏保存、种植保存、离体试管保存、基因文库保存和利用保存。

一、贮藏保存

利用控制温度、湿度等条件来保持燕麦种质资源种子的生活力，即为贮藏保存。种质材料一般通过低温种子库保存，其中短期库 $10 \sim 20℃$，保存种子寿命为 $3 \sim 5$ 年；中期库 $0 \sim 5℃$，保存种子寿命为 $15 \sim 20$ 年；长期库 $-18 \sim -10℃$，保存种子寿命为 $50 \sim 70$ 年。

二、种植保存

燕麦种子寿命一般为 $12 \sim 13$ 年，其在种质库中随着贮藏时间的延长，生活力逐渐下降，每隔一定时间播种一次，是燕麦种质资源得以持续保存和提供利用的保证。

三、离体保存

离体保存主要是利用组织培养技术获得特定培养材料（细胞、组织、器官等）进行种质保存的方法。用于离体保存的植物材料可以是离体小植株、器官、组织培养物和细胞培养物等。离体种质保存主要有低温保存和超低温保存两种方式。

四、基因文库保存

建立基因文库不仅可以长期保存该物种遗传资源，而且还可以通过反复培养繁殖筛选，来获得各种目的基因。基因文库技术保存种质资源的程序为：从燕麦中提取 DNA，用限制性内切酶把所提取的 DNA 切成许多 DNA 片段，用连接酶将 DNA 片段连接到克隆载体上，再将基因转移到大肠杆菌中，通过其无性繁殖，产生大量的、生物体中的单拷贝基因。

五、利用保存

发现种质资源利用价值后，及时用于育成品种或中间育成材料是对种质资源切实有效的一种保存方式。可以将野生种质资源的有利基因保存到栽培品种中，便于育种利用。

第五节 饲用燕麦种质资源的评价

燕麦种质资源评价是保护种质资源的理论基础，也是高效利用种质资源的关键。评价工作主要从基本资料记载，初步评价和系统、全面评价三个方面进行。种质资源的评价内容主要包括性状和特性的鉴定、细胞学鉴定研究和遗传性状的评价等。种质资源的植物学性状是识别各类种质资源的主要依据，农艺性状是选用种质资源的主要性状。对于饲用燕麦观察鉴定的主要农艺性状包括植物学性状、生长发育习性、产量和品质特征等。

一、植物学性状评价

饲用燕麦植物学性状主要包括株高、茎秆（颜色、茎粗、是否被毛）、叶片（倒二叶长宽和旗叶长宽）、轮生层数、穗子（穗型和穗长）、稃皮（外稃和内稃颜色）、籽粒（粒型、粒色、籽粒饱满度）、芒（芒性、芒型、芒色）和茸毛（有无、颜色）。

二、生长发育相关性状评价

饲用燕麦有春冬性、生育期、分蘖期等相关生育习性，而其对育种具有十分重要的意义。我国饲用燕麦种质资源仅有春性和半冬性，而 95% 为春性燕麦，主要分布在内蒙古、河北、青海、甘肃和山西等地。燕麦的生育期是指从出苗到成熟的天数，是饲用燕麦另一重要生长发育习性。一般分为早熟、中熟和晚熟品种，与当地饲用燕麦中熟品种为对照，较对照早 3~5d 为早熟品种，较对照晚 3~5d 为晚熟品种。

三、产量相关性状的评价

产量性状是指那些直接与产量构成相关的因素，饲用燕麦主要关注鲜、干草产量，同时种子产量也同样重要。株高是影响草产量重要的基础性状，其变异十分丰富，2015—2021 年中国农业科学院草原研究所孔令琪等人对 218 份燕麦种质在鄂尔多斯市达拉特旗进行株高测定，结果表明燕麦株高在 46.2~170.3cm。有效分蘖是影响草产量的重要农艺性状，是饲用燕麦品种选育时的重要因素。我们对上述 218 份燕麦材料进行了有效分蘖数测定，这些燕麦种质资源的有效分蘖数在 2.1~12.6 个。野生种质的分蘖能力要普遍强于栽培种质，有研究对 114 份野生种质进行有效分蘖数测定，结果显示，其有效分蘖数在 2.0~81.4 个，平均 24.69 个，远高于栽培燕麦。主穗粒数是指主穗上每个小穗结实的粒数。我们对上述 218 份燕麦材料进行了主穗粒数的测定，范围在 20.8~100.3 粒。

四、品质相关性状的评价

燕麦饲草品质性状主要包括粗蛋白质、粗脂肪、酸性洗涤纤维和中性洗涤纤维等指标，分别从适口性、消化率、采食率等方面影响饲喂效果。粗蛋白质表示牧草蛋白质含量，粗灰分表示牧草中的矿物质含量，粗脂肪可为家畜提供热能，其含量越高牧草品质越好。中性洗涤纤维和酸性洗涤纤维代表牲畜对牧草的消化率和采食率，酸性洗涤纤维含量与干物质采食量负相关，中性洗涤纤维含量与牧草的消化率负相关。有研究指出，酸性洗涤纤维含量与茎粗有关，粗蛋白质含量与燕麦的生长发育负相关。

五、抗性相关性状的评价

1. 耐盐性评价

盐胁迫对植株的最主要影响是抑制植株各个器官的生长发育，例如叶片萎蔫、根系活力下降、植株干物质量下降等。燕麦有一定的耐盐能力，但不同品种中耐盐性差异非常大。参照农业部行业标准《小麦耐盐性鉴定评价技术规范》（NY/PZT 001—2002）进行。

2. 抗旱性评价

在干旱情况下，燕麦调节水分能力很强，可以忍受较长时间干旱。通常可采用两次干旱胁迫一次复水法进行评价。根据幼苗干旱存活的校正值及存活率标准极强（HR）（幼苗干旱存活率≥70%）、强（R）（幼苗干旱存活率 60%~70%）、中等（MR）（幼苗干旱存活率 50%~60%）、弱（S）（幼苗干旱存活率 40%~50%）、极弱（HS）（幼苗干旱存活率≤40%），确定种质的抗旱性等级。

3. 抗病性评价

病害在我国及世界各地的燕麦种植区普遍发生，截至目前，国内外报道的燕麦病害共 33 种，包括 25 种真菌病害、4 种细菌病害和 4 种病毒病害。目前，燕麦种质资源评价主要集中在黑穗病、冠锈病、秆锈病、白粉病及红叶病。

（1）抗黑穗病种质资源鉴定

黑穗病（smut）是燕麦常见的真菌病害，主要以穗部受害形成黑粉为主要特征，可引起燕麦减产。燕麦黑穗病有两种，一种为坚黑穗病，另一种为散黑穗病。坚黑穗病由土壤和种子中的厚垣孢子为初侵染源，其抗性鉴定采用人工接种法，将菌粉拌燕麦种子播种于试验田，于燕麦种质资源成熟期分别调查发病株和总株数并计算，根据相应标准进行种质抗性级别的评价。散黑穗病主要以菌丝形式在种皮内越夏，种子是主要初侵染源，抗性鉴定方法与坚黑穗病相同。

（2）抗秆锈病种质资源鉴定

秆锈病（stem rust）几乎在世界所有燕麦种植区均有发生，是一种对全世界燕麦生产存在极大威胁的真菌性病害。病菌在茎秆上形成孢子堆，破裂后散出橘红色的孢子，仅靠夏孢子气传即可完成侵染循环。燕麦秆锈病抗性鉴定可采用秆锈病自然发病田间调查方法。当试验区内发病明显时，对成株茎秆进行调查，记录发病程度。

（3）抗冠锈病种质资源鉴定

冠锈病（crown rust）是一种广泛传播且对燕麦危害特别严重的真菌性病害，由燕麦冠锈菌引致，主要侵染燕麦叶片。感染初期出现亮黄色或橙色病斑，而后寄主表皮破裂露出橘黄色粉末状夏孢子堆。温暖潮湿的环境条件有利于发病。燕麦冠锈病抗性鉴定可采用冠锈病自然发病田间调查法，当试验区发病明显时，对成株叶片进行调查，记录叶片发病程度。

（4）抗红叶病种质资源鉴定

燕麦红叶病是一类病毒性病害，由大麦黄矮病毒引致，主要通过蚜虫传播，是北方燕麦产区主要病害之一。发病叶片由叶尖和叶缘向叶内基逐渐退绿变紫红色，后期以叶尖向叶基变黄色后枯死，多数红叶病导致植物组织坏死，光合作用下降，从而影响产量。红叶病抗病性鉴定主要采用红叶病自然发病田间调查方法，当试验区内发病明显时，对成株叶片进行调查，记录叶片发病程度。

种质资源的特征、特性鉴定属于表型鉴定，而深入的基因型鉴定才能更好地掌握种质性状的基本遗传特点，为育种服务。利用分子标记技术和已绘制的作物遗传连锁图，可以在较短时间内找到目标基因。

　　随着相关学科理论和技术的迅速发展，特别是生物技术的迅速发展，人类创造和利用种质资源的能力日益增强。在广泛开发利用种质资源，拓宽育种基础，标记目的基因，提高育种效率，揭示物种亲缘进化关系，有效进行种质资源创新，鉴定遗传多样性，辅助指导杂种优势育种的亲本选配等方面取得了突破。

第二章 内蒙古中西部地区饲用燕麦形态特征与生长发育

第一节 饲用燕麦种子组成与结构

种子的基本构造是由种皮、胚和胚乳三部分组成。燕麦种子实际上是植物学中的果实（颖果），种皮与果皮难以分离，构成种被，其通常有内外稃、芒、小穗轴等附属器官。外稃顶端或背部可着芒，芒直或弯曲，有些芒膝曲，由芒柱和芒针两部分组成。

一、种被

种被是包围在胚和胚乳外部的保护组织，由果皮和种皮构成。种皮是一些无原生质的死细胞，细胞间有许多孔隙，使种皮形成多孔结构。其外表有角质、表皮毛等结构。

二、胚

胚由卵细胞和精细胞结合发育形成，是新植物的原始体。发育完全的胚由胚芽、胚轴、胚根和子叶组成。胚芽又称幼芽，位于胚轴上方，茎叶的原始体，发育成地上部分。胚根位于胚轴下方，是未发育的原始根，幼苗的初生根，有一条或多条。在胚根中已分化出明显的根初生组织和根冠，根尖有分生组织。胚轴是连接胚芽和胚根的过渡部分。子叶是种胚的幼叶，比真叶厚，其中有一片称为盾片，具有特殊的生理功能，在种子发芽时分泌酶，分解胚乳所贮藏的养料，并转运给胚利用。饲用燕麦属偏在型胚，其胚较小，位于胚乳的侧面或背面基部。

三、胚乳

胚乳是由受精极核发育而成的，其外层为糊粉层，是有酶存在的活细胞组织；内层为淀粉层，通常是由淀粉粒构成的死细胞组织。胚乳占成熟燕麦种子质量的55%~70%，其中包含淀粉、蛋白质和脂肪。

第二节　饲用燕麦形态特征

饲用燕麦外部形态可分为根、茎、叶、穗、花和果实。

一、根

燕麦属须根系植物，其根可分为初生根和次生根（图2-1）。初生根在个体发育的初期开始生长，集中分布于土壤表层，主要在次生根生长前吸收土壤水分和养分，供给燕麦幼苗生长发育所需。次生根在出苗后形成，着生于分蘖节上，一般一个分蘖可以长出2~3条次生根。次生根上着生一定量的须根，与次生根共同形成庞大的根系，为燕麦供给营养物质和水分。根系发达的饲用燕麦品种对土壤中的水分和营养物质的利用效率高，具有更好的抗旱性、耐盐性等。

图2-1　燕麦的根系

二、茎

燕麦茎为中空圆筒状，由节间将茎分为若干节，节数的多少与品种生育期、光周期有关，茎节长短与品种、栽培条件等相关。燕麦生育期短或处于长日照条件下，其节数较少，生育期长或处于短日照条件下，其节数较多。燕麦茎秆将根吸收的营养送到茎叶部，再将茎叶部光合作用制造的部分有机物质运送到根部，同时其起到一定的支撑作用，与质量及抗倒伏力极其相关（图2-2）。

图2-2　燕麦的茎

通常内蒙古中西部地区燕麦的茎有3~6个节，由于日照较长，茎节较长，茎粗3~6mm。

三、叶

燕麦的叶由叶鞘、叶舌、叶关节和叶片组成，为披针形。叶片是植物进行光合作用的主要器官，其光合产物是燕麦生长和产量品质形成的物质基础。在内蒙古中西部地区不同品种和栽培条件的叶片数不同，通常为4~8片，个别品种可达15~20片（图2-3）。叶分为初生叶、中生叶和旗叶，旗叶长通常为15~35cm，旗叶宽通常为0.8~3.1cm；倒二叶长为22~45cm，倒二叶宽通常为0.7~2.7cm。叶色也由浅绿至深绿。

图 2-3 燕麦的叶片

四、穗

饲用燕麦的穗为圆锥花序或复总状花序，由主轴、枝梗和小穗组成。根据穗、枝梗与穗轴的着生状态，分为侧散型和周散型两种（图 2-4）。轮生层数是指穗轴的节上着生枝梗的数量，内蒙古中西部地区通常为 3~5 层。穗上的小穗通常在内蒙古中西部地区为 20~70 个，穗长为 16~34cm，其与品种及栽培条件相关。

五、花

燕麦小花结构由 1 片内稃、1 片外稃、3 个雄蕊和 1 个雌蕊组成。饲用燕麦多为皮燕麦，其内外稃革质化，较坚硬，成熟后紧密包裹种子。雄蕊和雌蕊由内外稃包着，开花后花丝将花药推出内外稃，为典型的自花授粉植物。

六、果实

燕麦的果实是颖果（籽粒），皮燕麦籽粒外部紧包着稃皮，但是籽粒不相黏

图 2-4　燕麦的穗

合。籽粒颜色有黑色、灰色、黄色、褐色等，千粒重一般为 28~42g（图 2-5）。

图 2-5　燕麦的颖果

第三节　饲用燕麦生长发育

　　饲用燕麦从种子发芽出苗、分蘖、拔节、孕穗、抽穗、开花和成熟 7 个阶段完成一个生育周期。其生育期与品种、栽培管理和播种期等密切相关。结合内蒙古中西部地区饲用燕麦的实际生长情况，具体如下。

一、发芽出苗

　　饲用燕麦种子播种后，在适宜的水分和温度条件下开始吸胀，酶活性加强，将贮藏在胚乳中的各种营养物质输送到胚。胚根鞘首先突破种皮，胚根生长，随后胚芽鞘突破种皮，长出胚芽。胚芽鞘保护第一真叶出土，其长度与播种深度密切相关。真叶露出地面 2~3cm 即为出苗。通常在 4 月初至 5 月初进行播种，播种深度为 2~4cm，播种后 6~10d 即可出苗（图 2-6）。

图 2-6　燕麦出苗

二、分蘖

饲用燕麦在出苗后 10~15d 开始分蘖，即长出 2~3 片叶时。燕麦分蘖是第一片叶的腋芽部位开始伸出第一分蘖，同时长出次生根。燕麦的分蘖是在分蘖节上自下而上一次发生的，直接从主茎基部分蘖节上发出的称一级分蘖，在一级分蘖基部又可产生新的分蘖芽和不定根，形成次二级分蘖。在条件良好的情况下，可以形成第三级、第四级分蘖。早期生出的能抽穗结实的分蘖称为有效分蘖，晚期生出的不能抽穗或抽穗而不结实的称为无效分蘖。有效分蘖与单位面积的穗数直接有关。分蘖受品种、播种时间、土壤肥力、种植密度等的影响。

三、拔节

饲用燕麦生长到 5~8 片叶时，茎第一节间开始伸长进入拔节期，此时是燕麦营养生长和生殖生长并重期，受品种、土壤肥力等影响。

四、孕穗、抽穗与开花

饲用燕麦节间伸长，旗叶露出叶鞘时称孕穗，标志着燕麦进入生殖生长为主的阶段，受品种、栽培管理等因素影响。孕穗期过后，由于燕麦开花是从顶部向基部发展，边抽穗边开花，相隔时间较短，影响开花的主要因素是温度、湿度和光照。

五、成熟

饲用燕麦完成授粉后子房开始膨大，进入灌浆期。灌浆期是籽实积累营养物质的时期，与温度、光照、水分等有关，通常为25~40d。当燕麦籽粒变硬，穗子变黄即成熟。燕麦由基部向顶部成熟的特点，使得其基部籽粒较大，向上逐渐变小。

第三章 内蒙古中西部地区饲用燕麦育种技术与方法

第一节 饲用燕麦育种目标和方法

一、育种目标

我国燕麦育种研究工作始于20世纪50年代，历经我国几代科技人员的努力奋斗，至2018年共审定通过100多个裸燕麦品种，20多个皮燕麦品种。但总的来看，内蒙古地区饲用燕麦专用品种缺乏，骨干品种单一且退化严重，本土基因资源的开发利用不够。国产抗逆种源供给不足，我国2017年从澳大利亚、加拿大、美国、俄罗斯等国进口燕麦种子达17 268万t，价值4 618万美元，并呈逐年递增趋势。事实上，大多数进口品种生态适应性相对较差、抗逆性弱、栽培管理要求高，易发生水土不服，而且进口品种还存在引发生物多样性灾害和国外病原侵入的风险。同时，大量的进口不仅持续加剧国产种业发展的压力，也造成对国外品种的严重依赖。

内蒙古地区属干旱、半干旱特殊生态区，风化、沙化、盐碱、草原和耕地退化是当地农牧业的主要问题。在科尔沁草原退化草地上种植燕麦实现了籽实产量2 000~2 500kg/hm²，在盐碱地、中低产田种燕麦实现了籽实产量1 500~2 500kg/hm²，燕麦在内蒙古地区起到了示范作用，其中高产优质抗逆的燕麦品种是最关键的和必不可少的前提条件。燕麦经过长期的自然选择后，具有耐旱、耐寒及耐盐碱等特性，是治理土壤盐碱化和荒漠化的优良饲草。由于燕麦具有较高的抗盐碱能力，被广泛认为是盐碱地改良的替代作物。燕麦用水量少于其他作物，减少了水的消耗，一年两季种植燕麦，拉长了农田的植被覆盖，加上燕麦收割留茬，使冬春季减少扬尘，有效保护了土层肥力。

目前内蒙古地区燕麦在建植技术方面存在诸多问题。其中最突出的是：缺乏适宜逆境条件的优质高产燕麦品种，致使内蒙古地区大面积盐碱地及沙化土壤无法耕种。另外，国外的燕麦栽培技术多以水浇地为主。我国西部大多处在干旱半干旱区，水资源十分紧缺。因此，培育适合我国西部干旱半干旱地区旱作及盐碱地高产优质燕麦品种，势在必行。大力发展燕麦产业，可以充分发挥内蒙古地区燕麦资源优势、生产优势和市场优势，对内蒙古地区的经济发展和土壤盐碱化治理都将发挥重要作用。

二、育种方法

1. 引种

广义的引种泛指从外地区和外国引进新品种以及育种和有关理论研究所需的遗传资源材料。狭义的引种是指从当前生产的需要出发，从外地或外国引进燕麦新品种，通过适应性试验鉴定后，直接在生产上推广种植。引种虽然不创造新品种，但简单、易行、迅速见效。引种要掌握燕麦阶段发育规律，从纬度、海拔相同的地区引种；从生态型和生态条件相似的地区引种。燕麦引种首先要确定引种目标，然后收集引种材料，做好引种试验，最后扩大繁殖或到原引种区调入种子加速推广。燕麦引进良种有丹麦444、哈尔满、马匹牙等。丹麦444燕麦原产于丹麦，系中国农业科学院1953年引进，1971年引入青海畜牧兽医科学院草原研究所，经多年系引种试验鉴定筛选，于1992年通过全国牧草品种审定委员会审定；哈尔满燕麦原产加拿大，马匹牙燕麦原产新西兰，均系中国农业科学院草原研究所从1972年引入的116份燕麦品种中筛选出的粮饲兼用型品种，经试验1988年通过全国牧草品种审定委员会审定。

2. 选择育种

选择育种又称系统育种，是根据育种目标，在现有品种群体出现的自然变异类型中，通过个体选择或混合选择等手段，选优去劣而育成新品种的方法，是改良和提高现有品种的有效方法，也是基本方法之一。选择的方法主要有单株选择法和混合选择法，但是上述方法各有优点和不足，在长期的育种实践中，衍生出了多种选择方法，如改良混合选择法，它先经过一次单株选择，淘汰不良入选单株，然后将优系混合，不致出现生活力退化，并且从第二代起每代都可以生产大量种子。此法优选纯化的效果不及多次单株选择法。山西省通过选择育种法先后育成并推广了同系1-3号、同系19-6等品种。

3. 杂交育种

杂交育种（cross breeding）是指通过种内不同基因型间杂交创造新变异，并对杂种后代进行培育、选择以育成新品种的方法。杂交亲本的选择与选配是杂交育种工作成败的关键之一，育种目标确定之后，要根据育种目标从种质资源中挑选最合适的材料作亲本，并合理搭配父母本，确定合理的杂交组合。杂交后代培育要保证杂种后代正常发育以供选择，培育条件要均匀一致，且培育环境要符合杂种性状的发育规律。杂种后代的处理方法有多种，以系谱法、衍生系统法、混合法和单籽传法应用较广。中国农业科学院草原研究所以 ESK 为母本，以青海 444 为父本，通过杂交育成饲用燕麦新品种中草 16 号；内蒙古农业大学通过杂交育成蒙农 1 号燕麦新品种。

4. 诱变育种

诱变育种（mutation breeding）是利用物理、化学或生物等因素，对种子、组织和器官等进行诱变处理，以诱发基因突变和遗传变异，从而选育新品种的育种方法。常用的诱变育种方法包括物理、化学和生物诱变育种。物理诱变育种（physical mutation breeding）是利用各种辐射因素诱导生物体遗传特性发生变异，包括电子辐射和粒子辐射两大种类。我国的航天育种是利用宇宙射线等进行物理诱变育种。利用物理诱变育成阿拉莫、雁红 3 号、辐杂 3 号等燕麦新品种。化学诱变（chemical mutation breeding）是利用化学诱变剂处理，经过选育最终形成新品种，化学诱变剂主要有烷化剂、叠氮化钠、碱基类似物等。近年来化学诱变在燕麦种质创新中发挥了积极作用。生物诱变是利用有一定生命活性的生物因素来诱发产生变异，主要包括病毒入侵、T-DNA 插入、转座子和反转录转座子等，生物诱变可以引起基因沉默、基因重组、插入突变以及产生新基因等。

5. 倍性育种

倍性育种（ploidy breeding）是研究植物染色体倍性变异的规律并利用倍性变异选育新品种的方法，主要包括单倍体育种和多倍体育种。有研究表明利用花粉培养，获得单倍体植株，经染色体加倍后育成花中 2 号、花晚 6 号及花早 2 号燕麦。

6. 生物技术育种

生物技术育种是利用生物体的特性和功能，设计、构建、培育具有预期性状的新物种、新种质、新品种。主要包括细胞和组织培养、原生质体培养与体细胞杂交、基因工程和分子标记等。细胞和组织培养是指植物体的各种结构放在离体的、无菌的人工环境中让其生长发育的方法，因此也叫离体培养。植物原生质体培养是指将植物细胞去壁后，放在无菌条件下，使其进一步生长发育的技术。体细胞杂交是在离体条件下将同一物种或不同物种的原生质体融合，培养并获得杂种细胞的再生植株。基因工程是指从生物体中分离克隆基因或人工合成基因，再与载体 DNA 拼接重组，并将其导入到另一种生物体内，使之按照预先的设计持续稳定表达和繁殖的遗传操作。分子标记是指以个体间遗传物质内核苷酸序列变异为基础的遗传标记，是在 DNA 水平上对基因型的标记。O'Donoughue 等（1992）采用 RFLP 标记构建出第一张二倍体 A 染色体组燕麦；1994 年绘制出第二张二倍体 A 染色体组燕麦的 RFLPs 图谱；1995 年首次完成了六倍体栽培燕麦的分子连锁图谱。1976 年开始进行燕麦组织培养，主要利用未成熟胚进行培养和再生，后来采用成熟胚，周小梅和郝建平（1994）以去掉胚根和茸毛部分的成熟种子为材料建立了再生体系；罗志娜等（2012）开展了成熟胚、幼叶等为外植体诱导愈伤组织的研究。燕麦遗传转化过程中，研究多用 npt II 作为选择标记。Maqbool（2002）将大麦的抗旱耐盐基因用基因枪法转入燕麦，转基因植株及其后代对盐碱和水分胁迫的耐受性提高。Oraby 等（2005）对获得的 hva1 转基因第三代进行研究，发现目的基因在后代中遗传稳定并符合孟德尔遗传规律，其与对照相比，株高、根系长度、穗长、小穗数等均显著提高，并且耐盐能力提高。但是 Choi 等（2001）研究表明 48 个转基因株系中，只有 42% 的染色体正常，其余均发生了变异。

第二节　饲用燕麦适播品种

一、林纳

　　林纳原产于挪威，1998 年由青海省畜牧兽医科学院引进，原名 LENA，1999—2005 年在青海畜牧兽医科学院试验田进行引种试验与原种扩繁。2006—2010 年通过品比、区域和生产试验，该品种遗传性稳定、产量高、籽粒品质优、耐旱、抗倒伏、适应性强。2011 年通过青海省农作物品种审定委员会审定，定名林纳。在内蒙古中西部地区林纳生育期 115～130d，属晚熟品种，其株高 113～130cm，茎秆坚韧，茎粗 3.95～4.08mm，旗叶长 22.12～25.36cm，旗叶宽 1.55～1.87cm，倒二叶长 26.74～30.15cm，倒二叶宽 1.68～

1.89cm，穗长 22.54～25.21cm，穗粒数 30.67～38.53 个。鲜草产量 25 000～30 000kg/hm²，干草产量 13 000～16 500kg/hm²，种子产量 2 500～2 850kg/hm²，乳熟期饲草干物质含量93.6%，粗脂肪含量3.1%，粗蛋白质含量 7.77%，可溶性糖含量4.34%，中性洗涤纤维含量42.01%，酸性洗涤纤维含量28.24%。适于内蒙古中西部地区饲草生产。

二、锋利

锋利燕麦由百绿（天津）国际草业有限公司从澳大利亚引入，2006 年通过全国草品种审定委员会审定。在内蒙古中西部地区锋利生育期95～108d，属中晚熟品种，株高 115～131cm，茎秆坚韧，茎粗 4.92～5.33mm，旗叶长 19.43～23.42cm，旗叶宽 1.65～1.97cm，倒二叶长 29.47～33.05cm，倒二叶宽 1.98～2.29cm，穗长 25.40～28.11cm，穗粒数 40.31～48.53 个。鲜草产量 25 000～29 000kg/hm²，干草产量 11 000～13 500kg/hm²，种子产量 2 800～3 000kg/hm²。适于内蒙古中西部地区饲草生产。

三、中草 16 号

中草 16 号燕麦为杂交品种，由中国农业科学院草原研究所育成。该品种种子产量高，同时鲜草产量也较高，耐旱、适应性强，2021 年通过内蒙古自治区草品种审定委员会审定。在内蒙古中西部地区中草 16 号燕麦生育期110～120d，属中晚熟品种，其株高 110～120cm，茎秆坚韧，茎粗 4.03～4.68mm，旗叶长 20.12～23.56cm，旗叶宽 1.46～1.86cm，倒二叶长 29.54～33.41cm，倒二叶宽 1.39～1.87cm，穗长 23.04～26.31cm，穗粒数 36.34～40.29 个。鲜草产量 27 000～32 000kg/hm²，干草产量 14 000～16 500kg/hm²，种子产量 3 300～3 600kg/hm²，乳熟期饲草干物质含量93.6%，粗脂肪含量4.3%、粗蛋白质含量 8.89%，可溶性糖含量5.53%，中性洗涤纤维含量51.51%，酸性洗涤纤维含量27.26%。适于内蒙古中西部地区饲草生产。

四、蒙农 1 号

蒙农 1 号燕麦为杂交品种，由内蒙古农业大学育成。该品种茎秆较粗，叶量大，鲜草产量高耐旱，适应性强，2021 年通过内蒙古自治区草品种审定委员会审定。在内蒙古中西部地区蒙农 1 号燕麦生育期90～105d，属中熟品种，其株高 140～165cm，茎秆坚韧，茎粗 4.36～4.88mm，旗叶长 25.02～29.16cm，旗叶宽 2.16～2.54cm，倒二叶长 38.34～43.62cm，倒二叶宽 1.83～

2.03cm，穗长 25.54~29.32cm，穗粒数 42.14~49.35 个。鲜草产量 30 000~35 000kg/hm²，干草产量 16 000~18 500kg/hm²，种子产量 2 800~3 100kg/hm²，乳熟期饲草干物质含量93.8%，粗脂肪含量2.8%，粗蛋白质含量8.69%，可溶性糖含量8.16%，中性洗涤纤维含量56.23%，酸性洗涤纤维含量25.91%。适于内蒙古中西部地区饲草生产。

五、青引1号

青引1号燕麦原产于河北张北，1968 年由中国农业科学院作物育种栽培研究所国外资源引种室引种，1970 年由中国农业科学院畜牧研究所引种，2004 年通过全国牧草品种审定委员会审定，该品种产量较高，抗逆性强。在内蒙古中西部地区青引1号燕麦生育期85~95d，属中熟品种，其株高 95~105cm，茎粗 4.22~4.54mm，旗叶长 21.27~26.35cm，旗叶宽 1.87~2.27cm，倒二叶长 30.39~35.12cm，倒二叶宽 2.03~2.37cm，穗长 18.54~22.32cm，穗粒数 31.47~37.02 个。鲜草产量 25 500~28 000kg/hm²，干草产量 11 500~13 000kg/hm²，种子产量 2 800~3 100kg/hm²。适于内蒙古中西部地区饲草生产。

第四章 饲用燕麦新品种审定

植物新品种是指经过人工培育的或者对发现的野生植物加以开发，具备新颖性、特异性、一致性和稳定性，并有适当名称的植物品种。我国实行草品种审定制度，分为全国和省（直辖市、自治区）两级。新品种按照规定程序，由相应的品种管理机构进行公正、科学的品种试验。

第一节 国家级草品种审定

一、国家草品种区域试验

品种区域实验是品种推广的基础，育种单位育成的品种要在生产上推广种植必须先经过品种审定机构统一布置的品种区域试验的鉴定，确定其适宜推广的区域范围、推广价值和品种适宜的栽培条件。

申请参加全国草品种区域实验的品种（系）必须有 2 年以上育成单位的品比试验结果，性状稳定，增产显著，且比对照增产 10% 以上，或增产效果虽不显著，但有某些特殊优良性状，如抗逆性、抗病性强，品质好等。

目前，中华人民共和国农业农村部全国畜牧总站（http：//www. nahs.org. cn/gk/tz/202008/P020200801484937307070. pdf）和国家林业和草原局国有林场和种苗管理司（http：//www. forestry. gov. cn/lczms/17/20220304/152055132 508748. html）均可进行国家级草品种区域试验。

二、全国草品种审定

经过国家草品种审定机构组织审定，通过后才能取得品种资格。目前，中华人民共和国农业农村部全国畜牧总站（http：//www. nahs. org. cn/gk/tz/202008/P020200801489609128621. pdf）和国家林业和草原局国有林场和种苗管理司（http：//www.forestry.gov.cn/lczms/17/20220304/152055163827211.html）均可进行国家级草品种审定工作。

第二节　内蒙古自治区级草品种审定

内蒙古自治区级草品种审定由内蒙古自治区林业和草原局组织（http：//lcj.nmg.gov.cn/xxgk/tzgg_7157/202105/t20210519_1521596.html）。自治区草品种区域试验、生产试验均由申报单位组织完成，试验结果性状稳定，显著增产，且比对照增产10%以上，或增产效果虽不显著，但有某些特殊优良性状，如抗逆性、抗病性强，品质好等。燕麦需要2年品比试验、2年区域试验及生产试验。

品种生产试验又称生产示范，一般选在区域试验点附近开展，为了进一步鉴定品种的表现。品种生产试验可与品种区域试验交叉进行。

品种的特异性（distinctness）、一致性（uniformity）和稳定性（stability），简称DUS，是种子检验的重要内容。对申请保护的作物新品种进行特异性、一致性和稳定性的栽培鉴定试验和室内分析测试过程称为DUS测试，其结果可以为新品种保护提供可靠的判定依据。燕麦DUS测试方法见附录。

第五章　内蒙古中西部地区饲用燕麦栽培技术与管理

栽培技术是以高产、优质、低成本和高效率为目的，深入研究燕麦生长规律及其与环境条件关系。我国燕麦栽培技术研究始于 20 世纪 60 年代，近年来随着畜牧业、养殖业的迅速发展，进入了快速发展阶段。

第一节　燕麦土壤耕作技术

一、选地

燕麦多为长日照植物，喜冷凉，但不耐高温，适应性强，对土壤要求不严格，在旱地、沙壤土和盐碱地中均可生长，最适土壤为地势平坦、土质疏松、富含有机质的壤土。但其不适宜连作，要注意倒茬轮作，前茬作物以豆科植物较为理想，豆类、玉米、马铃薯等都是燕麦的良好前茬作物。

二、整地

在内蒙古中西部沙土地以春季浅耕为主，耕后需耙、耱和填压保墒以减少水分蒸发，耙耱后清理干净各种污染物及作物残茬，镇压后土壤容重增加，地面平整，有利于出苗。

三、基肥

在内蒙古中西部地区通常情况下施磷酸二铵 150~180kg/hm² 或腐熟的农家肥 30~45m³/hm²，需将肥料均匀撒施以确保肥力均匀。

利于种子脱粒、降低损失，并减少晒种用工。分段收获方法不适应雨季作业，有气候风险，并存在杂草混杂风险。

采集收获法是指通过专用的种子采集收获机收集，无须刈割牧草而直接收获种子，也称作立秆式不切割收获法。此方法是在不切割燕麦的情况下，用采集器将种子从穗上直接脱粒收集。一般用于极易落粒的燕麦品种以及较珍贵的燕麦材料。

三、种子的干燥

种子含水量是影响种子质量和贮藏寿命的重要因素之一，燕麦种子在含水量为8%~12%时被认为可安全贮藏。但刚收获的燕麦种子含水量仍较高，加之燕麦本身脂肪含量高，若不及时干燥，种子会很快发热霉变，发芽率降低，在短期内失去种用价值。因此刚收获的种子必须立即进行干燥，使其含水量降至规定标准，以减弱种子内部生理生化作用对营养物质的消耗、抑制微生物，提高种子质量。

种子干燥是通过干燥介质给种子加热，利用种子内部水分不断向表面扩散和表面水分不断蒸发来实现的。种子内部的移动现象称内扩散，分为热扩散和湿扩散。热扩散是种子受热后表面温度高于内部温度形成温度梯度，水分随热源方向由高处移向低处的现象。湿扩散是种子干燥过程中表面水分蒸发，破坏了种子水分平衡，使其表面含水量形成湿度梯度，而引起水分向含水量低的方向移动。

影响燕麦种子干燥的因素主要有温度、湿度、气流速度和种子生理生化成分。在不影响种子生活力的情况下，温度越高、相对湿度越低、气流速度越大，干燥效果越好。

饲用燕麦干燥方法有自然干燥和人工干燥两种。自然干燥是利用日光暴晒、通风、摊晾等方法降低种子含水量以达到安全贮藏水分标准。脱粒前种子干燥可以在田间进行，也可以在晒场等地进行，刈割后的种子在草条上自然干燥，干燥期间翻动1~2次，或捆成草束码成"人"字形，晾于地头或晒场上，亦可将草束打开摊晒于场上，在日光下暴晒，每日翻动数次，加速均匀干燥。脱粒后种子在晒场上进行暴晒或摊晾，以达到贮藏所要求的含水量。一般晒晒于水泥晒场，其晒种速度更快、易清理，但建筑成本高。人工干燥包括机械通风干燥和加热干燥等方法。机械通风干燥法是利用吹风机向种子堆中输送空气，加快空气流速，避免种子堆发热和霉变，达到降低水分含量和温度的目的，该方法多用于收获季节降雨频繁无法选择自然干燥的地区。加热干燥法分为中温慢速干燥和高温快速干燥，该方法亦用于收获季节降雨频繁无法选择自然干燥的地区。在内蒙古中西部地区多选用自然干燥法。

四、种子清选

种子清选主要是清除混入种子中的茎、叶和损伤种子的碎片、杂草种子、泥沙、石块等，以提高种子净度，并进一步将其他植物种子和不同饱满度的种子分离，以提高种子的纯度。

燕麦种子清选可根据种子外观尺寸特性、表面特性、比重、种子颜色等差异进行分离。利用种子外观尺寸特性分离是选用不同形状和大小规格的筛孔进行分离，可将燕麦种子与杂物、其他植物种子或较小燕麦种子等进行分离。该方法依据燕麦种子的形状，确定具有合适筛孔的筛面（按种子宽度分离选圆孔筛、按厚度分离选长孔筛、按长度分离选窝眼筒），通过底筛除去小杂质，留种子于筛面上；中筛除去大杂质，使种子通过筛孔；上筛除去特大杂质。

利用种子表面特性（形状、粗糙度等）不同造成摩擦系数有差异，进行种子分离，常见分离机器为帆布滚筒机，也可用磁力分离机过行分离。

利用种子空气动力学特性分离的原理是任何一个处在气流中的种子或杂物，除受本身的重力外，还承受气流的作用力，重力大而迎风面小的，对气流产生的阻力就小，反之就大。利用平行气流进行种子分离只能清除轻杂质和不饱满不完整种子，不能起到种子分级作用；利用垂直气流可将轻种子、轻杂质与重量较大的种子进行分离；利用倾斜气流则可在同一气流压力下，将轻种子和轻杂质吹远，而重种子就近落下。

利用种子颜色差异分离的原理是根据种子颜色明亮或灰暗的特征来进行颜色的分离，要分离的种子需经过一段照明的光亮区域，如与标准光色不同即产生信号将其分离入另一管道。

利用种子弹性特性分离的原理是根据种子的弹力差异进行分离，球形饱满种子弹力大，跳跃力强，弹跳较远，当这些种子沿弹力螺旋分离器下滑时，不同弹跳力种子弹跳入不同滑道从而分离。

利用种子负电性特性分离的原理可将劣变后带负电性的种子在通过静电分离器电场时被正极吸引到一边落下，从而剔出带负电性低活力种子而保留不带负电性的高活力种子。

常用种子清选方法为风筛清选、重力清选、窝眼清选和表面特征清选法。风筛清选适用于混杂物与种子体积相差较大时；重力清选适用于种子与混杂物密度和重力差异较大时，如破损、发霉、虫蛀和皱缩的种子；窝眼清选适用于种子与混杂物长度不同时；表面特征清选适用于混杂物与种子表面特征差异较大时。

五、种子分级

种子分级是根据种子净度、发芽率、含水量和其他种子数等将干燥清选后的燕麦种子进行质量等级划分。净度是种用价值的主要依据，是种子安全贮藏的主要因素之一；发芽率是衡量种子质量的主要指标；含水量是种子安全贮藏的重要指标；其他植物种子易造成机械混杂和生物学混杂。根据上述指标将燕麦种子质量分为一级、二级和三级。一级为净度≥98%，发芽率≥90%，种子用价≥88.2%，其他植物种数≤200粒/kg，含水量≤12%；二级为净度≥95%，发芽率≥85%，种子用价≥80.7%，其他植物种数≤500粒/kg，含水量≤12%；三级为净度≥90%，发芽率≥80%，种子用价≥72%，其他植物种数≤1 000粒/kg，含水量≤12%。

第二节　饲用燕麦种子贮藏

一、种子老化与劣变

种子寿命是从种子完全成熟到丧失生活力为止所经历的时间。寿命的长短不仅受遗传特征的影响，还受到多种外界条件的影响。种子的"老化"是指降低种子生存能力的，导致种子丧失活力及萌发力的不可逆变化，是一个伴随着种子贮藏时间延长而发生和发展的、自然且不可避免的过程。种子"劣变"指种子生理机能恶化，包括化学成分的变化及细胞结构的受损，随着贮藏时间延长，受损越严重，该过程会持续到种子被使用或活力完全丧失，种子的劣变将导致种子的活力、贮藏能力等下降。有老化就有劣变。

种子老化受多种因素的综合影响，但主要是遗传因素和环境因素两个方面。遗传因素可决定种子活力强度，而环境因素则包括了种子发育、收获、加工及贮藏时的环境条件。发育程度可决定种子活力程度，贮藏条件则决定了种子活力下降的速度。

种子发育过程中的环境因素，收获、清选、包装、运输等过程及贮藏的环境因素，种子本身的含水量等都会影响种子的劣变速度。种子在贮藏过程中，对燕麦种子劣变速度起主要作用的是水分和温度，而近年的研究结果表明，干燥贮藏较低温贮藏效果更好。影响种子劣变速度的水分因素，包括环境的相对湿度和种子本身的含水量两方面，前者是间接影响，后者是直接影响。降低燕麦种子含水量可以延缓种子劣变速度，保持种子活力。种子含水量越高，呼吸作用越强，其生活力丧失速度就越快；当种子含水量升高并出现游离水时，酶活性增强，更易引起种子生活力的丧失。当种子含水量在 5% ~ 14% 时，种子的水分每增加 1%，寿命缩短一半。研究表明，贮藏期间种子含水量大，活力下降快。温度同样是影响种子新陈代谢的因素。高温时，种子在贮藏过程中呼吸作用强，物质代谢快，大量消耗能量，尤其当种子含水量高时，呼吸作用更加强烈，加速了种子劣变的速度。在 0 ~ 50℃ 范围内，贮藏种子的环境温度每上升 5℃，种子寿命就会缩短一半。种子含水量低，其细胞液浓度较高，抵抗力强。低温虽对种子贮藏是一个有利的因素，但是低温伴随游离水出现时，种子易受冻而死亡。有研究表明，充分干燥的种子在低温环境下贮藏不会受冻害。空气对贮藏过程中种子的衰老也有影响。含水量越低的种子，由于呼吸作用微弱，对氧气消耗慢，在密封状况下贮藏也可以使种子老化速度减慢，但是当在高含水量密封条件下进行贮藏时，由于呼吸作用强，氧气被很快耗尽，引起大量氧化不完全物质的积累，对胚产生毒害作用，导致种子死亡。由于种子本身会携带一定的微生物，它们的活动同样会促进种子的呼吸作用并且积累有毒有害物质，加速种子的劣变进程。

由于种子劣变的过程比较复杂，影响其速度的因素比较多，研究的手段和方法不完善等多种原因，为揭示种子劣变的本质带来了困难。国内外学者通过种子老化及劣变机理的研究，对种子劣变起因提出了多种假设，主要包括：营养物质损耗的假说，该假说认为种子在贮藏的过程中进行呼吸活动，在酶系统催化下，胚部的呼吸基质丧失，引起了种子劣变；激素变化的假说，认为种子劣变、种子活力降低与萌发抑制物质［如脱落酸（ABA）］的产生及促进物质［如赤霉素（GA）、细胞分裂素（CK）］的缺乏有关；有毒物质积累的假说，认为在种子贮藏的过程中，胚细胞受代谢积累的中间产物（醇类、醛类、酮类、酸类等）毒害作用，最终导致生活力的丧失；生物大分子变性的假说以及功能结构如膜、线粒体解体的假说。在生产实践中，引起种子劣变的往往是各种因素的综合作用，种子会有如下变化。

细胞膜变化，出现渗出物：细胞膜系统损伤是种子劣变在细胞学上的表现。细胞膜系统不仅调节细胞物质交流和运输，同时还可以影响代谢途径中的酶活性，在细胞代谢活动中起重要作用，有些酶如苹果酸脱氢酶本身就存在于膜上。所以，细胞膜系统损伤可以引起种子衰老和活力丧失。种子在劣变后，首先发生变化的是胚根尖分生组织的超显微结构。一般情况下，具有发芽能力轻度老化的种子胚呈现出细胞核的局部泡状隆起，线粒体变形，高尔基体数量减少，多核糖体的合成变慢。在严重劣变的情况下，膜结构肿胀无序，质体内淀粉粒分裂甚至消失。一些学者对老化后的种子进行胚根尖细胞的超显微结构观察时，发现细胞核膜界限不清，细胞出现胞饮、细胞核解体、线粒体变形等现象。对燕麦进行劣变后发现，线粒体对劣变表现敏感，随着含水量的增加，质膜出现质壁分离，细胞器解体，最终导致死亡。随着种子老化，细胞膜结构也在不断变化。在发育过程中，细胞膜的结构比较完整。当种子成熟时，结胞膜结构会被破坏丧失完整性，随着进一步的贮藏以及老化过程，细胞膜的损伤进一步加剧。老化初期，种子吸水可以使膜得以修复，随着劣变加剧，膜结构损伤不能修复，种子发芽力下降至丧失。细胞膜结构发生变化与磷脂双分子层的变化有关。水合细胞中，膜两侧的水相压可以保持膜结构的完整性；当种子含水量低于10%时，磷脂重排成为六角形结构，膜丧失半透性，内含物大量外渗。

酶活性变化：酶是具有生物活性的一种特殊蛋白质，种子的衰老首先表现在酶蛋白变性上，其结果是酶活性丧失和代谢失调。种子老化时，酶的活性也发生变化。在代谢中，脱氢酶起主要作用，同时它会受到老化的影响，与种子老化存在普遍的相关性。除此之外，劣变种子中也存在着淀粉酶、磷酸酯酶等酶的活性降低及核糖核酸酶、谷胱甘肽酶等酶活性增强的变化。

呼吸作用和合成能力的变化：呼吸作用是种子内活组织在酶和氧的参与下将贮藏物质进行一系列的氧化还原反应。在种子劣变过程中，呼吸作用减弱，细胞的线粒体数目减少，ATP降低。大量试验表明，种子耗氧量与生活力成正比。种子耗氧量极微，表示呼吸停滞，劣变严重。Bettey等（1996）指出种子老化时一部分呼吸酶活性降低，这引起种子吸水时呼吸速率上升缓慢，呼吸强度下降。种子老化时耗氧量减少，线粒体超微结构和膜完整性受损，膜上结合的呼吸链功能受损。超氧阴离子引起脂质过氧化作用，破坏线粒体膜结构完整性，同时攻击线粒体的DNA，使呼吸作用降低，从而使种子发芽率下降。种子萌发时利用贮藏物质合成新的大分子化合物，主要为蛋白质和核酸等，合成过程中需要能量供应。当种子发生老化时，合成生命大分子的能力下降，合成DNA、RNA和蛋白质的能力下降。

内源激素的变化：激素是种子新陈代谢的产物，同时也是生命活动的调节者，种子老化过程中，内源激素发生着剧烈的变化。种子中常同时存在促进生长性激素［如 GA、生长素（IAA）、CK］和抑制生长性激素（如 ABA），两类激素在种子中的相对比例常是决定种子能否萌发的主要原因之一。

贮藏物质及有毒物质的变化：在种子老化过程中，种子贮藏物质如可溶性糖、蛋白质等经历了一个动态变化的过程。可溶性糖是种子的主要呼吸底物，蛋白质为种子发芽提供氮素，它是随着老化的增加而下降的。老化过程可能发生了过氧化作用，加速了贮藏物质降解，或贮藏物质外渗量增加。在种子老化过程中，各种生理活动均会产生有毒物质并且逐渐积累，使正常的生理活动受到抑制，最终导致死亡。种子无氧呼吸产生的乙醇、二氧化碳，蛋白质分解产生的胺类物质及脂质过氧化产生的挥发性醛类化合物等均对种子有毒害作用。

遗传物质的变化：种子劣变会引起代谢缺陷，而代谢缺陷的进一步积累就导致种子萌发力的下降或丧失。在种子劣变过程中，种子 DNA 的修复能力受到严重的损伤，劣变过程中种子的 DNA 和 RNA 含量下降。目前染色体畸变或基因突变也已经在不同老化或劣变种子中被发现。在贮藏期间，燕麦种子发生劣变，其存活的根尖细胞在第一次有丝分裂后期出现染色体畸变现象，但是畸变的细胞会随着根的伸长而减少。

二、延缓种子劣变的方法

延缓燕麦种子劣变的方法首先要在种子收获、干燥、清选等过程中避免强机械作业，保证种子要充实饱满、无损伤；其次要降低种子含水量，延长种子寿命，抑制劣变；最后要将种子贮藏于低温、低湿条件下，研究表明降低燕麦贮藏温度和湿度可以提高种子活力和寿命，抑制种子内的物质代谢。

三、种子贮藏

经干燥、清选和分级后的种子应进行包装以便于贮藏和运输。通常使用较大的针织袋或多层纸袋，其经短时间贮藏或在低温干燥条件下贮藏可保持种子的活力，而在热带高温高湿条件下贮藏的种子需进行防潮。常用的防潮材料有聚乙烯薄膜、玻璃纸、铝箔等。

种子贮藏库需具备以下特点：①防水。绝不允许雨雪、地面积水等任何来源的水与种子接触，以防贮藏期间种子水分太高会加快呼吸作用、发热和霉菌生长，降低种子活力。②防杂。特别是不同品种的种子间。③防鼠、防虫和防菌。减少鼠类采食和拖散混杂种子，可用铁柜、布袋等方式；可在任何时候进行熏蒸从而控制害虫；仓库应保持低温、干燥以防真菌滋生，通风设备对防止水分的积累是必要的。④防火。木制仓库易起火，水泥建筑相对防火较好，但仍应安装电路起火预防设备，同时控制仓库温度和湿度。

种子贮藏方法有普通贮藏法、密封贮藏法、低温除湿贮藏法、超干贮藏法和超低温贮藏法。

普通贮藏法包括两方面：一是将充分干燥的种子用麻袋、编织袋等包装，贮存于贮藏库里，贮藏时如果种子未被密封，种子的温度、湿度会随贮藏库内的温度、湿度而变化；另一种是贮藏库安装有特殊的降温除湿设施，可利用排风换气设施进行调节。该方法简单、经济、适合于贮藏大批量种子，贮藏以1~2年为好。

密封贮藏法是指把种子干燥至符合密封要求的含水量标准，再用各种不同的容器和不透气包装密封起来进行贮藏。种子在中等温度条件下，含水量10%的燕麦可密封防潮安全贮藏3年。

低温除湿贮藏法是大型种子冷藏库中装备冷冻机和除湿机等设施，将贮藏库内的温度降至15℃以下，相对湿度降至50%以下，加强了种子贮藏的安全性，延长了种子的寿命。在一定温度下，初始含水量越低，种子保存寿命时间越长。

种子超干贮藏法是指含水量降至5%以下，密封后在室温条件下或稍微降温的条件下贮存种子的方法，常用于种质资源和育种材料保存。孔令琪等（2015）选择室温和4℃低温情况下进行贮藏，结果表明，随着含水量的增加燕麦种子发芽率呈现下降趋势，在低含水量（4%、10%）室温及低温贮藏时，种子发芽率保持在90%左右。因此，在低含水量时，种子可以保持较高活力，抗老化能力强，耐贮藏。在4%、10%含水量室温贮藏12个月、18个月时种子发芽率较6个月时显著下降，4%~22%含水量低温贮藏6个月种子发芽率与对照组相近，均保持在90%左右，低温贮藏6个月可有效地保存种子活力。

种子超低温贮藏是指利用液氮为冷源，将种子置于超低温下，使其新陈代谢活动处于基本停止状态，从而延长种子寿命的贮藏方法。但其成本高、贮藏前处理复杂，解冻技术烦琐。

四、种子贮藏管理

种子是活体贮藏，其时刻进行着呼吸作用并发生劣变，为了保持其活力，延缓衰老，种子的贮藏管理至关重要。

在种子入库前要将仓库进行清理，清除散落的其他种子、杂质等，并进行喷洒药物或熏蒸消毒处理以及检查贮藏库的防鼠、防鸟措施。

入库前的种子要进行清选、干燥、分级，并注明产地、收获季节、种类、认证级别、净度和种子批号等。

入库后的种子不仅受仓内环境影响，同时受外界环境变化的影响，为了种子可安全贮藏，在贮藏期间要定期检查仓内影响种子的各种因素。①种温的检查。可用曲柄温度计等在特定区域定点检查，一天内以 9:00—10:00 为好。②种子水分的检查。通过种子色泽、有无霉味等进行是否需进行仪器检查。检查周期为第一、第四季度每季度 1 次，第二、第三季度每月 1 次。③仓库害虫及鼠雀检查。一般采用筛检法来分析害虫种类和活虫头数；通过观察有无粪便、爪印、碎种子等来检查是否有鼠雀。④发芽率检查。要定期进行发芽率检测，及时采取措施，改善贮藏条件，以免造成损失。

贮藏种子要合理通风。通风可调节仓库温、湿度，降低种子生理活动及虫害、霉菌发生概率，提高安全贮藏系数。可采用自然通风或机械通风方法，但仓外温度高于仓内温度、仓外湿度高于仓内湿度、一天最低和最高温、雨天、台风天以及浓雾天均不宜通风。

参考文献

韩冰，任卫波，田青松，2018. 燕麦饲草生产技术手册［M］. 北京：中国农业科学技术出版社.

孔令琪，2015. 不同老化处理对燕麦种子生理、蛋白质及抗氧化基因的影响［D］. 北京：中国农业大学.

孔令琪，叶文兴，2021. 老化对燕麦种子影响的研究［M］. 北京：中国农业科学技术出版社.

孔令让，2019. 植物育种学［M］. 2版. 北京：高等教育出版社.

李润枝，陈晨，张培培，等，2009. 我国燕麦种质资源与遗传育种研究进展［J］. 现代农业科技，1（7）：44-45.

李颖，毛培胜，2013. 燕麦种质资源研究进展［J］. 安徽农业科学，41（1）：72-76.

廉佳杰，2009. 含水量对燕麦种子劣变影响的研究［D］. 北京：中国农业大学.

刘霞，刘景辉，李立军，等，2014. 耕作措施对燕麦田土壤水分、温度及出苗率的影响［J］. 麦类作物学报，34（5）：692-697.

罗志娜，赵桂琴，刘欢，2012. 燕麦成熟胚的组织培养及植株再生［J］. 甘肃农业大学学报，5：60-68.

毛培胜，2011. 牧草与草坪草种子科学与技术［M］. 北京：中国农业大学出版社.

任长忠，杨才，2018. 中国燕麦品种志［M］. 北京：中国农业出版社.

赵桂琴，2016. 饲用燕麦及其栽培加工［M］. 北京：科学出版社.

赵秀芳，戎郁萍，赵来喜，等，2007. 我国燕麦种质资源的收集和评价［J］. 草业科学，24（3）：36-40.

周小梅，郝建平，1994. 莜麦组织培养及再生植株［J］. 山西大学学报（自然科学版）（4）：418-423.

BETTEY M，1996. Respiratory enzyme activities during germination in Brassica seeds lots of different vigor [J]. Seed Science Research (6): 163-173.

CHOI H W, LEMAUX P G, CHO M J, 2001. High frequency of cytogenetic aberration in transgenic oat plants [J]. Plant Science, 160: 763-772.

HARLAN J R, DE WET J M J, 1971. Toward a rational classification of cultivated plants [J]. Taxon, 101: 509-517.

JELLEN E N, BEARD J, 2000. Geographical distribution of a chromosome 7C and 17 intergenomic translocation [J]. Crop Science, 40: 256-263.

MAQBOOL S B, ZHONG H, AHMAD A, 2002. Competence of oat (*Avena sativa* L.) shoot apical meristems for integrative transformation, interited expression, and osmotic tolerance of transgenic lines containing *hva*1 [J]. Theoretical Applied Genetics, 105: 201-208.

ORABY H F, CALLISTA B R, KRAVCHENKO A N, et al., 2005. Barley *hva*1 gene confers salt tolerance in R3 transgenic oat [J]. Crop Science, 45: 2218-2227.

O'DONOUGHUE L S, WANG Z, RÖDER M, et al., 1992. An RFLP-based linkage map of oats based on a cross between two diploid taxa (*Avena atlantica*×*A. hirtula*) [J]. Genome, 35 (5): 765-771.

ZHOU X, JELLEN E N, MURPHY J P, 1999. Progenitor germplasm of domesticated hexaploid oat [J]. Crop Science, 39: 1208-1214.

ICS 65.020.20
B 05

NY

中华人民共和国农业行业标准国家标准

NY/T 2355—2013

植物新品种特异性、一致性和稳定性
测试指南　燕麦

Guidelines for the conduct of tests for distinctness,
uniformity and stability—Oats

(*Avena sativa* L. & *Avena nuda* L.)

(UPOV TG/20/10 Guidelines for the conduct of tests for
distinctness, uniformity and stability—Oats, NEQ)

2013-05-20 发布　　　　　　　　　　2013-08-01 实施

中华人民共和国农业部　发　布

目　　次

前　言

本标准依据 GB/T 1.1—2009 给出的规则起草。

本标准使用重新起草法修改采用了国际植物新品种保护联盟（UPOV）指南 "TG/20/10 Guidelines for the conduct of tests for distinctness，uniformity and stability—Oats"。

本标准对应与 UPOV 指南 TG/20/10，与 TG/20/10 的一致性程度为非等效。

本标准与 UPOV 指南 TG/20/10 相比存在技术性差异，主要差异如下：

——增加了幼苗：绿色程度、旗叶：长度、旗叶：着生姿态、穗：小穗形、茎：粗度、茎：花青甙显色、芒：有无、芒：分布、芒：颜色、内稃：颜色、籽粒：形状、籽粒：颜色、籽粒：茸毛、籽粒：千粒重、籽粒：容重 15 个性状；

——删除了穗下节：茸毛强度和外稃：蜡粉 2 个性状；

——调整了植株：旗叶下弯的比率、护颖：蜡质、穗：小穗着生姿态、外稃：蜡粉强度、芒：曲度、外稃：长度、外稃：颜色、籽粒：基部茸毛 8 个性状的表达状态。

本标准由农业部科技教育司提出。

本标准由全国植物新品种测试标准化技术委员会（SAC/TC277）归口。

本标准起草单位：新疆农业科学院作物品种资源研究所、农业部科技发展中心植物新品种测试中心。

本标准主要起草人：刘志勇、王威、颜国荣、徐岩、吕波、白玉亭、堵苑苑、马艳明、肖菁。

植物新品种特异性、一致性和稳定性测试指南
燕 麦

1 范围

本标准规定了燕麦新品种特异性、一致性和稳定性测试的技术要求和结果判定的一般原则。

本标准适用于燕麦（*Avena sativa* L. & *Avena nuda* L.）新品种特异性、一致性和稳定性测试和结果判定。

2 规范性引用文件

下列文件对于本指南的应用是必不可少的。凡是注日期的引用文件，仅注日期的版本适用于本指南。凡是不注日期的引用文件，其最新版本（包括所有的修改单）适用于本文件。

GB/T 3543 农作物种子检验规程

GB 4404.5—1999 粮食作物种子燕麦

GB/T 19557.1 植物新品种特异性、一致性和稳定性测试指南 总则

3 术语和定义

GB/T 19557.1 确定的以及下列术语和定义适用于本文件。

3.1 群体测量 single measurement of a group of plants or parts of plants

对一批植株或植株的某器官或部位进行测量，获得一个群体记录。

3.2 个体测量 measurement of a number of individual plants or parts of plants

对一批植株或植株的某器官或部位进行逐个测量，获得一组个体记录。

3.3 群体目测 visual assessment by a single observation of a group of plants or parts of plants

对一批植株或植株的某器官或部位进行目测，获得一个群体记录。

3.4 个体目测 visual assessment by observation of individual plants or parts of plants

对一批植株或植株的某器官或部位进行逐个目测，获得一组个体记录。

4 符号

下列符号适用于本文件：

MG：群体测量

MS：个体测量

VG：群体目测

VS：个体目测

QL：质量性状

QN：数量性状

PQ：假质量性状

*：标注性状为 UPOV 用于统一品种描述所需要的重要性状，除非受环境条件限制性状的表达状态无法测试，所有 UPOV 成员都应使用这些性状。

（a）~（d）：标注内容在 B.2 中进行了详细解释。

（+）：标注内容在 B.3 中进行了详细解释。

__：本文件中下划线是特别提示测试性状的适用范围。

5 繁殖材料的要求

5.1 繁殖材料以种子形式提供。

5.2 提交的种子数量至少 3kg。

5.3 提交的繁殖材料应外观健康，活力高，无病虫侵害。繁殖材料的具体质量要求如下：燕麦种子净度≥98.0%，发芽率≥85%，含水量≤13.0%。

5.4 提交的繁殖材料一般不进行任何影响品种性状正常表达的处理（如种子包衣处理）。如果已处理，应提供处理的详细说明。

5.5 提交的繁殖材料应符合中国植物检疫的有关规定。

6 测试方法

6.1 测试周期

测试周期至少为 2 个独立的生长周期。

6.2 测试地点

测试通常在一个地点进行。如果某些性状在该地点不能充分表达，可在其他符合条件的地点对其进行观测。

6.3 田间试验

6.3.1 试验设计

申请品种和近似品种相邻种植。采用适当的株行距,以条播方式种植,每个小区不少于 1 000 株,共设 2 个重复。

6.3.2 田间管理

可按当地大田生产管理方式进行。

6.4 性状观测

6.4.1 观测时期

性状观测应按照表 A.1 列出的生育阶段进行。生育阶段描述见表 B.1。

6.4.2 观测方法

性状观测应按照表 A.1 规定的观测方法(VG、VS、MG、MS)进行。部分性状观测方法见表 B.2 和表 B.3。

6.4.3 观测数量

除非另有说明,个体观测性状(VS、MS)植株取样数量不少于 20 个,在观测植株的器官或部位时,每个植株取样数量应为 1 个。群体观测性状(VG、MG)应观测整个小区或规定大小的混合样本。

7 特异性、一致性和稳定性的判定

7.1 总体原则

特异性、一致性和稳定性的判定按照 GB/T 19557.1 确定的原则进行。

7.2 特异性的判定

申请品种应明显区别于所有已知品种。在测试中,当申请品种至少在一个性状上与近似品种具有明显且可重现的差异时,即可判定申请品种具备特异性。

7.3 一致性的判定

对于测试品种,一致性判定时,采用 0.1% 的群体标准和至少 95% 的接受概率。当样本大小为 2 000 株时,最多可以允许有 5 个异型株。

7.4 稳定性的判定

如果一个品种具备一致性,则可认为该品种具备稳定性。一般不对稳定性进行测试。

必要时,可以种植该品种的下一代种子,与以前提供的繁殖材料相比,若性状表达无明显变化,则可判定该品种具备稳定性。

8　性状表

8.1　概述

性状表列出了性状名称、表达类型、表达状态及相应的代码和标准品种、观测时期和方法等内容。

8.2　表达类型

根据性状表达方式，将性状分为质量性状、假质量性状和数量性状 3 种类型。

8.3　表达状态和相应代码

8.3.1　每个性状划分为一系列表达状态，以便于定义性状和规范描述；每个表达状态赋予一个相应的数字代码，以便于数据记录、处理和品种描述的建立与交流。

8.3.2　对于质量性状和假质量性状，所有的表达状态都应当在测试指南中列出；对于数量性状，为了缩小性状表的长度，偶数代码的表达状态可以不列出，偶数代码的表达状态可描述为前一个表达状态到后一个表达状态的形式。

8.4　标准品种

性状表中列出了部分性状有关表达状态可参考的标准品种，以助于确定相关性状的不同表达状态和校正环境因素引起的差异。

9　分组性状

本文件中，品种分组性状如下：

a）穗：分枝方向（表 A.1 中性状 14）；

b）籽粒：皮裸性（表 A.1 中性状 21）；

c）芒：有无（表 A.1 中性状 22）；

d）外稃：颜色（表 A.1 中性状 27）。

10　技术问卷

申请人应按附录 C 给出的格式填写燕麦技术问卷。

附 录 A
(规范性附录)
燕麦性状表

燕麦性状见表 A.1。

表 A.1 燕麦性状表

序号	性状	观测时期和方法	表达状态	标准品种	代码
1	下部叶鞘：茸毛 QN (+)	20 VS	无或极少	老厂燕麦 1	1
			少	88-1 沙湾燕麦、88-41 燕麦	2
			中	88-8 沙湾燕麦、88-14 沙湾燕麦	3
			多	88-9 沙湾燕麦、88-12 沙湾燕麦	4
			极多		5
2	幼苗：生长习性 QN	25 VG	直立	88-1 沙湾燕麦	1
			中间型	韦子峡野燕麦	2
			匍匐	88-41 燕麦	3
3	幼苗：绿色程度 QN	25 VG	浅	阿余都、坝莜 3 号	1
			中	88-1 沙湾燕麦	2
			深		3
4	*倒二叶：叶缘茸毛 QN (+)	45 VS	无或极少	老厂燕麦 1	1
			少	88-41 燕麦	3
			中	88-40 燕麦、昭苏野燕麦（黑）	5
			多		7
			极多		9
5	植株：旗叶下弯的比率 QL (+)	50~59 VG	低	88-1 沙湾燕麦、88-8 沙湾燕麦	1
			中	老厂燕麦 1	2
			高		3
6	*抽穗期 QN (+)	55 MG	极早	盐池燕麦 1	1
			早	竹园燕麦 1、燕红 13	3
			中	88-31 塔城燕麦、88-41 燕麦	5
			晚	88-9 沙湾燕麦、88-15 沙湾燕麦	7
			极晚	88-28 新源燕麦	9

（续表）

序号	性状	观测时期和方法	表达状态	标准品种	代码
7	护颖：蜡质 QN (a) (+)	59~70 VG	无或极少		1
			少		2
			中		3
			多		4
8	*穗下节：茸毛 QL (a)	65 VG	无	88-1沙湾燕麦	1
			有	昭苏野燕麦（白）	9
9	穗：小穗着生姿态 PQ (b) (+)	65 VS	直立	老厂燕麦2	1
			中间型		2
			下垂	88-1沙湾燕麦	3
10	旗叶：长度 QN (a)	70~75 MS	短	老厂燕麦1	3
			中	新源侧穗燕麦、88-37燕麦	5
			长	88-36燕麦	7
11	旗叶：着生姿态 QN (a) (+)	70~75 VG	向上		1
			水平		2
			下垂		3
12	*外稃：蜡粉强度 PQ (a)	70~75 VS	无或极弱		1
			弱		2
			中		3
			强		4
13	护颖：长度 QN (a)	80 VG/VS	短	阿余都	1
			中	88-18沙湾燕麦	2
			长	韦子峡野燕麦、燕红13	3
14	穗：分枝方向 PQ (a) (+)	80 VS	单侧	88-36燕麦	1
			中间型		2
			四周	88-9沙湾燕麦	3
15	穗：分枝姿态 QN (a) (+)	80 VS	直立	老厂燕麦2	1
			半直立	88-22新源燕麦、88-36燕麦	2
			水平		3
			下垂	88-1沙湾燕麦	4
			强烈下垂		5

（续表）

序号	性状	观测时期和方法	表达状态	标准品种	代码
16	穗：小穗形 PQ （b） （+）	80 VS	I 型	88-18 沙湾燕麦	1
			II 型	宁夏裸燕麦	2
			III 型		3
17	*植株：高度 QN	80 MS	极矮	老厂燕麦 1	1
			矮	阿余都	3
			中	88-18 沙湾燕麦	5
			高	88-17 沙湾燕麦（黑）	7
			极高	盐池燕麦 1	9
18	茎：粗度 PQ （a）	80 VS	细	雨湾燕麦、老厂燕麦 1	1
			中	88-17 沙湾燕麦（黑）、88-30 塔城燕麦	2
			粗	88-28 新源燕麦、	3
19	茎：花青甙显色 QL	80 VS	无	88-36 燕麦、坝莜 3 号、坝莜 6 号	1
			有		9
20	穗：长度 QN （a）	90 MS	极短	老厂燕麦 1	1
			短	88-18 沙湾燕麦	3
			中	韦子峡野燕麦、88-17 沙湾燕麦（黑）	5
			长		7
			极长	88-41 燕麦	9
21	籽粒：皮裸性 QL （+）	90 VG	裸	老厂燕麦 1	1
			皮	盐池燕麦 1	2
22	芒：有无 QL （b）	90 VG	无		1
			有	昭苏野燕麦（黑）、韦子峡野燕麦	9
23	仅适用于有芒品种： 芒：分布 PQ （b）	90 VG	部分	88-18 沙湾燕麦	1
			全穗	昭苏野燕麦（黑）、韦子峡野燕麦	2
24	芒：颜色 PQ （b）	90 VG	白色	88-18 沙湾燕麦	1
			褐色		2
			黑色	韦子峡野燕麦、宁夏裸燕麦	3
25	芒：曲度 QN （b） （+）	90 VG	弱	新源侧穗燕麦、盐池燕麦 1	1
			中	88-17 沙湾燕麦（黑）、88-36 燕麦	2
			强	阿余都、老厂燕麦 1	3

（续表）

序号	性状	观测时期和方法	表达状态	标准品种	代码
26	外稃：长度 QN （c）	90 VG	短	88-17 沙湾燕麦（黑）、88-18 沙湾燕麦	1
			中	88-41 燕麦	2
			长	燕红 13	3
27	*外稃：颜色 PQ （c） （+）	90 VG	白色	坝莜 3 号	1
			黄色	88-34 库尔勒燕麦	2
			褐色		3
			黑色	88-41 燕麦、韦子峡野燕麦	4
28	内稃：颜色 PQ （c）	90 VG	白色	坝莜 3 号	1
			黄色	88-34 库尔勒燕麦	2
			褐色		3
			黑色	88-41 燕麦、韦子峡野燕麦	4
29	*外稃：背面茸毛 QL （c） （+）	90 VG	无	88-1 沙湾燕麦	1
			有	韦子峡野燕麦	9
30	仅适用于皮燕麦： 籽实：基部茸毛 QN （c） （+）	90 VG	弱	88-17 沙湾燕麦（黑）	1
			中	88-41 燕麦、盐池燕麦 1	2
			强	韦子峡野燕麦	3
31	仅适用于皮燕麦： 籽实：基部茸毛长度 QN （c） （+）	90 VG	短	88-1 沙湾燕麦、盐池燕麦 1	1
			中	88-41 燕麦	2
			长	韦子峡野燕麦	3
32	小花轴：长度 QN （c） （+）	90 VG	短	88-1 沙湾燕麦	1
			中	阿余都	2
			长	老厂燕麦 1	3
33	籽粒：形状 PQ （d） （+）	90 VG	长筒形		1
			纺锤形	韦子峡野燕麦	2
			椭圆形	老厂燕麦 1	3
			卵圆形		4
34	籽粒：颜色 QN （d）	90 VG	浅黄色	老厂燕麦 1	1
			中等黄色		2
			深黄色		3

序号	性状	观测时期和方法	表达状态	标准品种	代码
35	籽粒：茸毛 QN （d） （+）	90 VG	少		1
			中		2
			多		3
36	籽粒：千粒重 QN （+）	90 MG	低		3
			中		5
			高		7
37	籽粒：容重 QN （+）	90 MG	低		3
			中		5
			高		7

附　录　B
（规范性附录）
燕麦性状表的解释

B.1　燕麦生育阶段表

见表 B.1。

表 B.1　燕麦生育阶段表

序号	描述
00	干种子
10	第一叶片从芽鞘伸出
20	仅有主苗
23	主苗和 3 个分蘖
25	主苗和 5 个分蘖
30	幼苗起身，开始拔节
45	穗苞膨大
50	第一小穗出现
55	50%植株抽穗
59	整个穗全抽出
60	开花始期
65	1/2 以上小花开放
70	灌浆期
75	乳熟中期
80	蜡 熟 期
90	完 熟 期

B.2 涉及多个性状的解释

（a）观测主茎相应部位；

（b）观测主茎穗相应部位；

（c）观测主茎穗中部发育良好的1~2个小穗；

（d）观测小穗基部发育完全的籽粒，皮燕麦要求除去皮壳观测裸籽。

B.3 涉及单个性状的解释

性状1. 下部叶鞘：茸毛，见图B.1。

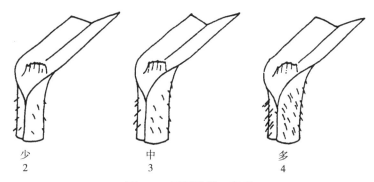

图 B.1 下部叶鞘：茸毛

性状4. 倒二叶：叶缘茸毛，见图B.2。

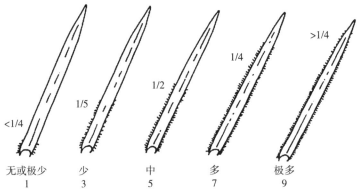

图 B.2 倒二叶：叶缘茸毛

　　性状 5. 植株：旗叶下弯的比率，目测整个小区，旗叶叶片下弯植株占整个小区的比率，按表 B.2 分级。

表 B.2　植株：旗叶下弯的比率

表达状态	低	中	高
比率	<30%	30%~60%	>60%
代码	1	2	3

　　性状 6. 抽穗期，目测整个小区，计算 50% 的植株抽穗的天数。
　　性状 7. 护颖：蜡质，观测主茎穗中部发育良好的小穗上护颖表面蜡质。
　　性状 9. 穗：小穗着生姿态，见图 B.3。

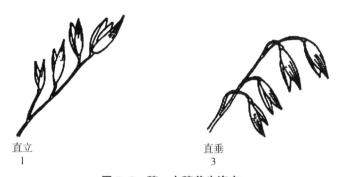

直立　　　　　　　　　　　　直垂
1　　　　　　　　　　　　　3

图 B.3　穗：小穗着生姿态

　　性状 11. 旗叶：着生姿态，见图 B.4。

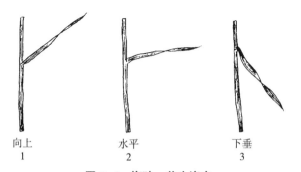

向上　　　　　水平　　　　　下垂
1　　　　　　　2　　　　　　　3

图 B.4　旗叶：着生姿态

性状 14. *穗：分枝方向，见图 B.5。

| 单侧 | 中间型 | 四周 |
| 1 | 2 | 3 |

图 B.5　穗：分枝方向

性状 15. 穗：分枝姿态，见图 B.6。

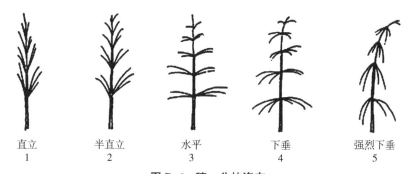

| 直立 | 半直立 | 水平 | 下垂 | 强烈下垂 |
| 1 | 2 | 3 | 4 | 5 |

图 B.6　穗：分枝姿态

性状 16. 穗：小穗形，见图 B.7。

| Ⅰ型 | Ⅱ型 | Ⅲ型 |
| 1 | 2 | 3 |

图 B.7　穗：小穗形

性状21. 籽粒：皮裸性，见图 B.8。

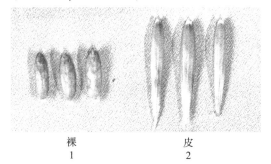

裸   皮
1   2

图 B.8 籽粒：皮裸性

性状25. 芒：曲度，见图 B.9。

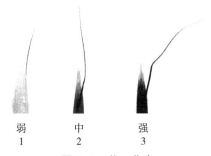

弱   中   强
1   2   3

图 B.9 芒：曲度

性状27. 外稃：颜色，见图 B.10。

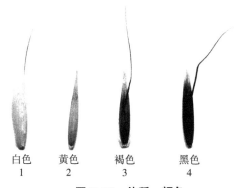

白色   黄色   褐色   黑色
1   2   3   4

图 B.10 外稃：颜色

性状29. 外稃：背面茸毛，见图 B.11。

无　　　　　　　　　　　　　　有
1　　　　　　　　　　　　　　9

图 B.11　外稃：背面茸毛

性状30. 仅适用于皮燕麦：籽实：基部茸毛，见图 B.12。

弱　　　　　　　　　中　　　　　　　　　强
1　　　　　　　　　　2　　　　　　　　　　3

图 B.12　籽实：基部茸毛

性状31. 仅适用于皮燕麦：籽实：基部茸毛长度，见图 B.13。

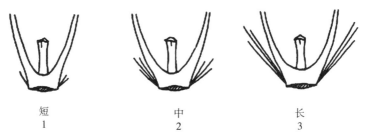

短　　　　　　　　　中　　　　　　　　　长
1　　　　　　　　　　2　　　　　　　　　　3

图 B.13　籽实：基部茸毛长度

性状32. 小花轴：长度，见图 B.14。

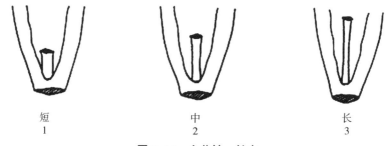

短　　　　　　　　　中　　　　　　　　　长
1　　　　　　　　　　2　　　　　　　　　　3

图 B.14　小花轴：长度

性状33. 籽粒：形状，见图 B.15。

| 长筒形 | 纺锤形 | 椭圆形 | 卵圆形 |
| 1 | 2 | 3 | 4 |

图 B.15　籽粒：形状

附　录　C
（规范性附录）
燕麦技术问卷格式

燕麦技术问卷

| 申请号： |
| 申请日： |
| ［由审批机关填写］ |

（申请人或代理机构签章）

C.1　品种暂定名称： ＿＿＿＿＿＿＿＿＿＿＿＿＿＿＿＿＿＿＿＿＿＿

C.2　植物学分类

拉丁名：＿＿＿＿＿＿＿＿＿＿＿＿＿＿＿＿＿＿＿＿

中文名：＿＿＿＿＿＿＿＿＿＿＿＿＿＿＿＿＿＿＿＿

C.3　品种类型

在相符的类型［　　］中打√。

C.3.1　繁殖方式

C.3.1.1　常规种　　　　　　　　　　　　　　　　　　　　［　　］

C.3.1.2　杂交种　　　　　　　　　　　　　　　　　　　　［　　］

C.3.2　品种特点

C.3.2.1　皮燕麦　　　　　　　　　　　　　　　　　　　　［　　］

C.3.2.2　裸燕麦　　　　　　　　　　　　　　　　　　　　［　　］

C.4　申请品种的具有代表性彩色照片

｛品种照片粘贴处｝

（如果照片较多，可另附页提供）

C.5　其他有助于辨别申请品种的信息

（如品种用途、品质抗性，请提供详细资料）

C.6　品种种植或测试是否需要特殊条件？

是 [　　]　　　　　　否 [　　]

（如果回答是，请提供详细资料）

C.7　品种繁殖材料保存是否需要特殊条件？

在相符 [　　] 中打√。

是 [　　]　　　　　　否 [　　]

（如果回答是，请提供详细资料）

C.8　申请品种需要指出的性状

在表 C.1 中相符的代码后 [　　] 中打√，若有测量值，请填写在表 C.1 中。

表 C.1　申请品种需要指出的性状

序号	性状	表达状态	代码	测量值
1	幼苗：生长习性（性状2）	直立	1 [　　]	
		中间型	2 [　　]	
		匍匐	3 [　　]	

（续表）

序号	性状	表达状态	代码		测量值
2	抽穗期（性状6）	极早	1	[　]	
		极早到早	2	[　]	
		早	3	[　]	
		早到中	4	[　]	
		中	5	[　]	
		中到晚	6	[　]	
		晚	7	[　]	
		晚到极晚	8	[　]	
		极晚	9	[　]	
3	穗下节：茸毛（性状8）	无	1	[　]	
		有	9	[　]	
4	外稃：蜡粉强度（性状12）	无或极弱	1	[　]	
		弱	2	[　]	
		中	3	[　]	
		强	4	[　]	
5	穗：分枝方向（性状14）	单侧	1	[　]	
		中间型	2	[　]	
		四周	3	[　]	
6	穗：小穗形（性状16）	Ⅰ型	1	[　]	
		Ⅱ型	2	[　]	
		Ⅲ型	3	[　]	
7	植株：高度（性状17）	极矮	1	[　]	
		极矮到矮	2	[　]	
		矮	3	[　]	
		矮到中	4	[　]	
		中	5	[　]	
		中到高	6	[　]	
		高	7	[　]	
		高到极高	8	[　]	
		极高	9	[　]	

（续表）

序号	性状	表达状态	代码			测量值
8	穗：长度（性状20）	极短	1	[	]	
		极短到短	2	[	]	
		短	3	[	]	
		短到中	4	[	]	
		中	5	[	]	
		中到长	6	[	]	
		长	7	[	]	
		长到极长	8	[	]	
		极长	9	[	]	
9	籽粒：皮裸性（性状21）	裸	1	[	]	
		皮	2	[	]	
10	芒：有无（性状22）	无	1	[	]	
		有	9	[	]	
11	芒：颜色（性状24）	白色	1	[	]	
		褐色	2	[	]	
		黑色	3	[	]	
12	外稃：颜色（性状27）	白色	1	[	]	
		黄色	2	[	]	
		褐色	3	[	]	
		黑色	4	[	]	

参考文献

［1］UPOV TG/20/10 "GUIDELINES FOR THE CONDUCT OF TESTS FOR DISTINCTNESS, UNIFORMITY AND STABILITY OATS" 植物新品种特异性、一致性和稳定性测试指南 燕麦.

［2］UPOV TG/1 "GENERAL INTRODUCTION TO THE EXAMINATION OF DISTINCTNESS, UNIFORMITY AND STABILITY AND THE DEVELOPMENT OF HARMONIZED DESCRIPTIONS OF NEW VARIETIES OF PLANTS" 植物新品种特异性、一致性和稳定性审查及性状统一描述总则.

［3］UPOV TGP/7 "DEVELOPMENT OF TEST GUIDELINES" 测试指南的研制.

［4］UPOV TGP/8 "TRIAL DESIGN AND TECHNIQUES USED IN THE EXAMINATION OF DISTINCTNESS, UNIFORMITY AND STABILITY" DUS 审查中应用的试验设计和技术方法.

［5］UPOV TGP/9 "EXAMINING DISTINCTNESS" 特异性审查.

［6］UPOV TGP/10 "EXAMINING UNIFORMITY" 一致性审查.

［7］UPOV TGP/11 "EXAMINING STABILITY" 稳定性审查.

［8］郑殿升，王晓鸣，张京，2006. 燕麦种质资源描述规范和数据标准［M］. 北京：中国农业出版社.